《生态文明宣传“十进”系列微读本》编委会　编

工地版

生态文明宣传“十进”系列微读本

SHENGTAI WENMING XUANCHUAN SHIJIN XILIE WEIDUBEN

中国环境出版社·北京

图书在版编目（CIP）数据

生态文明宣传“十进”系列微读本 ：工地版 /《生态文明宣传“十进”系列微读本》编委会编. -- 北京 ：中国环境出版社，2016.6

ISBN 978-7-5111-2798-3

Ⅰ. ①生… Ⅱ. ①生… Ⅲ. ①生态环境建设－中国－通俗读物 Ⅳ. ①X321.2-49

中国版本图书馆 CIP 数据核字（2016）第 093779 号

出 版 人 王新程
责任编辑 田 怡
责任校对 扣志红
装帧设计 彭 杉

出版发行 中国环境出版社
（100062 北京市东城区广渠门内大街 16 号）
网 址：http://www.cesp.com.cn
电子邮箱：bjgl@cesp.com.cn
联系电话：010-67112765（编辑管理部）
010-67168033（监测与监理图书出版中心）
发行热线：010-67125803，010-67113405（传真）
印 刷 北京中科印刷有限公司
经 销 各地新华书店
版 次 2016 年 5 月第 1 版
印 次 2016 年 5 月第 1 次印刷
开 本 880×1230 1/64
印 张 1
字 数 6 千字
定 价 5.50 元

序言

党的十八大将生态文明建设放在了突出位置，倡导在全社会形成积极向上的精神追求和绿色低碳的生活方式。良好的生态环境是最公平的公共产品，是最普惠的民生福祉，加强环境保护，建设美丽中国，需全社会共同行动起来。

为进一步推进生态文明和环境保护宣传“十进”工作，宣传引导不同群体积极参与生态文明建设和支持环保五大行动，由环境保护部、中国环境出版社、重庆市环境保护局、重庆环境文化促进会共同组织编印的《生态文明宣传“十进”系列微读本》以环保科普知识和环保行为规范为支撑点和出发点，进行有效的结合，注重培养和引导公众的环境观念、环境意识、环境行为。希望本书所倡导的环保行为能够逐渐成为大众的共识，成为一种约定俗成的环保规范，让我们把为之心动的环保主张付诸行动，环保就在我们的生活中。

《生态文明宣传“十进”系列微读本》

编委会成员

本书编写人员

重庆苇子　徐　欢　程芳芳

隆林苡　胡丽君

让噪声对我们说“拜拜”

工程施工中要实行全封闭作业，施工现场采用 1.8 ~ 2.2 米全封闭围挡，主体施工阶段采用双排脚手架，满挂密目式安全网，将作业区域与外部环境隔开。

远离粉尘

土方开挖时运土车辆需进行覆盖，撒落道路上的渣土需安排专人跟车清扫，气候干燥时，开挖区域表面的浮尘应先洒水湿润。专人洒水降尘。相关人员应戴口罩！

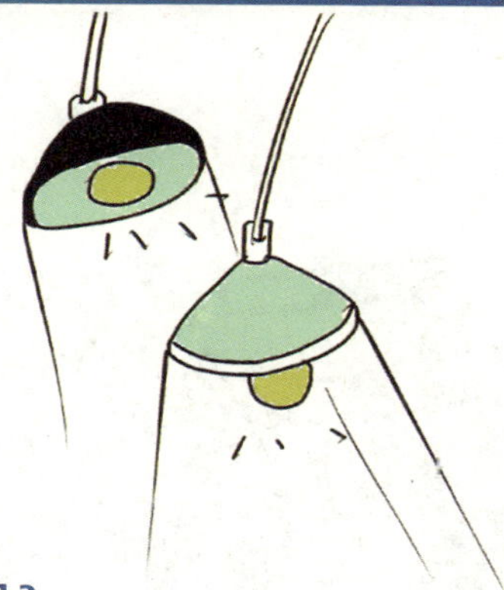

光也能造成污染？

统一施工现场照明灯具的规格，使用定向式可拆卸灯罩，控制照明光线只覆盖作业区域而不影响周围环境。建筑主体施工作业采用脚手架和密目网进行全封闭，保证施工用光不外泄。

运渣车辆要密闭，别让砂子"跑出来"

施工车辆不带泥出门，严格执行冲洗程序措施。车辆运输过程实施密闭运输，杜绝抛、洒、滴、漏，以保证车辆不污染市区道路。同时派专人对场内道路进行清扫，维护清洁卫生。

污水的归宿

规范生产污水排放，工地大门设置沉砂井，污水经沉淀后排入市政污水管网，同时采取措施减少污水排放量。

使用环保确认无害的灭火器

灭火器随处可见，小小的身子，大大的作用。虽然只有在发生火灾险情的时候才会用上它，但对它的管理可是相当重要呢，一定要放在干燥的地方，还要采用环保无害的灭火器哦。

减少油品、化学品的泄漏现象

工地现场易燃、易爆、油品及化学品应储藏在专用仓库、专用场地或专用 储藏室（柜）内，防止泄漏。

固体废弃物实现分类管理，提高回收利用量

实现固体废弃物分类管理，根据需要增设固体废弃物放置场地与设施。列出项目可回收利用的废弃物，提高回收利用量。现场废弃油手套、涂料包装桶、清洗工具废渣、机械维修保养废渣等废弃物由专人及时收集并处理。

保持施工区道路通畅、清洁

在工地开工前，应先扫路再开工。做好施工区域道路的清理，尽量利用现场原有施工通道运输材料。材料运走以后随时打扫，避免搬运途中产生的垃圾堆积。

洒水降尘效果好

长期生活在粉尘中，会导致各种各样的呼吸道疾病。因此，为了大家的健康，施工现场应该经常洒水降尘，配备专用洒水设备并指定专人负责，给大家创造一个良好的工作环境。

工地垃圾别小瞧

施工现场每天一清扫，每周一次大扫除，施工垃圾清运使用专用垃圾箱，专人清运，严禁工人乱抛施工垃圾，严禁野蛮清扫造成不必要的扬尘，施工垃圾及时清运，清理时，应洒水装运以减少扬尘。

泥沙入场要排队

水泥等易扬尘建筑材料安排专人有序卸运，做好防潮防撒漏工作，轻搬轻运，减少扬尘。

安全就餐，开心上班

工地生活区食堂使用安全卫生燃气用具，定期开展食品安全卫生检查，餐后及时清扫保洁。

工地食堂，卫生是王道

在施工现场附近设置临时食堂，要加强卫生管理，污水经隔油后再排入污水管道中。定期掏油，防止污染，食堂有专职人员天天清理，洒水。

与居民搞好关系

施工前与居民建立联系，采用安全告示、张挂标语、标识标牌等宣传解释工作。

节约材料

集中加工后的余料尽量利用，如制造杆件、预埋件、模板余料等用材耗材，施工单位要加强完善钢筋翻样配料工作，提高加工的准确性，减少错、漏、重等对材料的浪费。

修旧利废

加强对钢模板、钢跳板、钢脚手架管等周转材料的管理，使用后要及时维修保养，不乱截、垫道、车轨、土埋。搞好修旧利废工作，对各种铁制工具应及时保养维修，延长使用期限，节约钢材和资金。

使用合适的木材

严禁优材劣用、长材短用、大材小用，合理使用木材。拆模后应及时将木模板、木支撑等清点、整修、堆码整齐，防止车轧土埋，尽量减少模板和支撑物的损坏。不准用木制周转料铺路搭桥，严禁用木材烧火。

木材还可以周转使用

加速木制周转料的周转，木模板一般倒用5次，木支撑一般倒用12～15次，枕木使用年限为3～5年，各班组要注意木制周转料的调剂工作，根据木材质量、长短等情况，确定不同的规格，以利于木材周转使用。

以钢代木

你知道吗？其实木材资源是比较匮乏的，而且树木的生长速度又慢。因此尽量采取以钢代木、以塑代木等各种形式节约木材，施工中尽量以钢门窗、钢木门窗代替木门窗，以钢模板代替木模板，以钢脚手架代替木脚手架。

水泥也需要保护

水泥在运输过程中应轻装轻卸，散灰车运输要往返过磅，卸散灰时要敲打灰罐，卸净散灰。水泥库内地面应做到防水防潮，水泥不得靠墙码放，在使用时做到先进先出，有散灰及时清理使用。

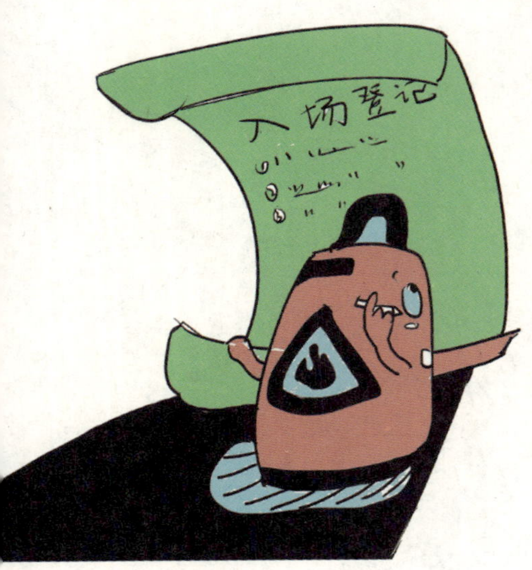

燃料入场要“登记”

为了工地的正常施工，为了整个工地工人的安全，燃料进入现场要严把关，严验收，要求管供、管用、管节约，燃烧要烧净、烧透。

节约用电

工地上合理用电，经常保养检修设备，尽量避开高峰期用电，不要私自使用电热水器或用电磁炉，做到人走电断。

水管要看紧

水资源是有限的，加强用水管理，经常检修管路配件，防止跑冒滴漏，节约工程用水。

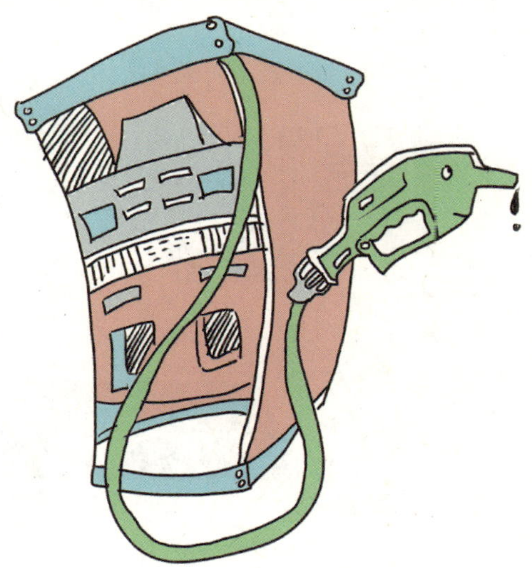

学会"揩油"

加强管理，计划用油，废油回收。车用油、机械用油实施限额领发手续，按标准使用，减少车辆空载。

你安全用气了吗？

加强用气管理，合理使用氧气、乙炔气，换气时尽量不留残气，确保用气安全，用完即关掉阀门。

节约材料，从上至下

节约材料要付诸实际行动，管理者要给班组做技术交底，了解施工进展及其动态，根据其施工的实际情况进行分析，确保材料节约。

跟上技术的步伐

当今社会的竞争是知识的竞争，更是技术的竞争，跟上技术的脚步，不断学习利用新技术，经常召开材料实际使用分析会，在确保工程质量的情况下，利用一切技术措施达到节约的目的。

遵循“黄金比例”

采购部对施工物品的发放要严格按照比例发放，才不会造成不必要的浪费。

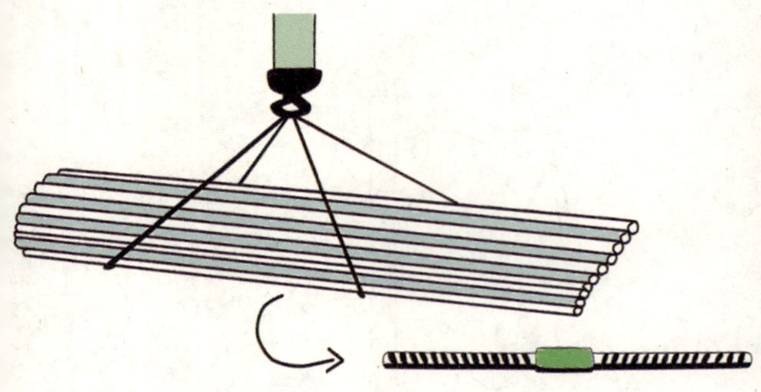

钢筋搭配要适当

钢筋领用不能大材小用、优材劣用，长短头要焊接搭配使用。只有这样，钢筋才能合理安排到它应该去的位置。

拼木材也很时尚

木材领用要从垛上逐块领用，禁止挑拣，不准长材短用，优材劣用。配置模板配合适当旧材拼接使用。

小五金需落实

小五金也不是乱领用的哦，每一层或者说每个项目的小五金都会有相应的预算，领用根据实际预算，分次领取或一次付清，以免造成材料的浪费。

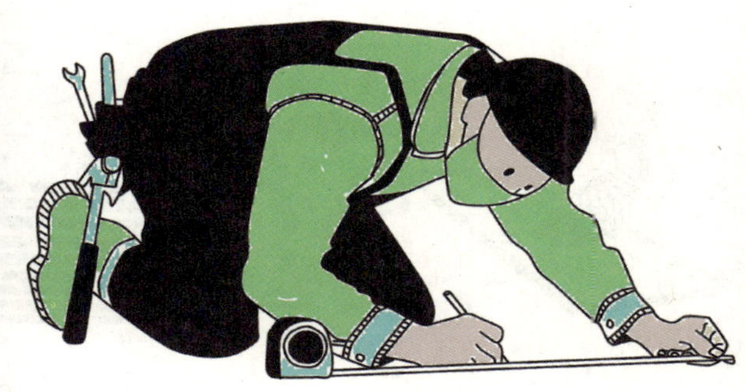

按尺寸进行

俗话说“没有规矩不成方圆”。工地上也需要“规矩”。现场的周转材料、脚手板、架子管不能随便截取，只能按尺寸选用。

钢板摆放整齐

很多人一听到工地，就有一种脏乱破的印象，但其实工地也不是想象中那样乱。大小钢模板用后及时处理，整形，保持平整，及时刷油保护，用后按不同规格码放整齐。

油漆用完了，桶还在

是否见过工地门口各种桶、编织袋等堆积如山？看起来可是很影响视觉效果哦，再一阵风吹来，袋子上面的各种粉尘满天飞，这个污染可真不小。因此包装器皿材料、漆桶、各种编织袋等要及时回收。

筛一筛，还能用

平常工地上产生的各种建筑垃圾、渣土等的去向一直令人费解，有的会把那些东西拉去填埋沟渠，建筑垃圾、渣土可以回筛再用。

四节一环保

是指工程建设中，在保证质量、安全等基本要求的前提下，通过科学管理和技术进步，最大限度地节约资源并减少对环境负面影响的施工活动，实现节能、节地、节水、节材和环境保护（“四节一环保”）。

绿色施工

并不仅仅是指在工程施工中实施封闭施工，没有尘土飞扬，没有噪声扰民，在工地四周栽花、种草，实施定时洒水等这些内容，它涉及可持续发展的各个方面，如生态与环境保护、资源与能源利用、社会与经济的发展等内容。

节约用水不要忘

节约用水、珍惜资源，造福子孙后代。

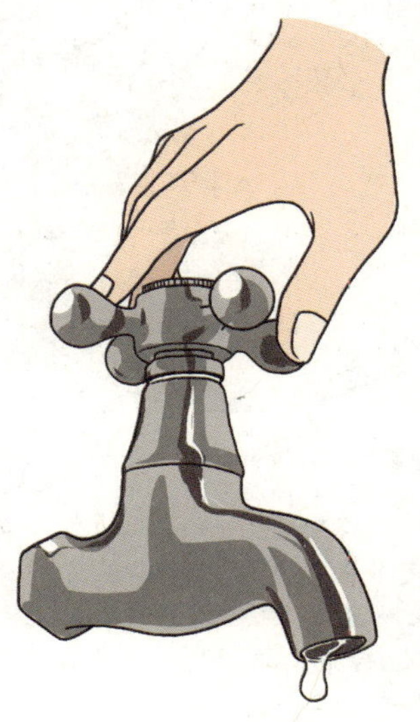

施工时间要合理

合理协调安排分项施工的作业时间，严格控制夜间施工，因生产工艺上的要求必须连续作业或者特殊要求，确需在 22 时至次日 6 时期间进行施工的，应向环境保护主管部门申请办理夜间施工许可，经批准后方可进行夜间施工。

厕所污水往哪儿流？

工地厕所污水不准直接排入政府污水管道，应采用小型化粪池及渗透井对厕所污水进行处理。采用环保移动厕所的，应配备相应处理设施，定期委托环卫部门及时清理。

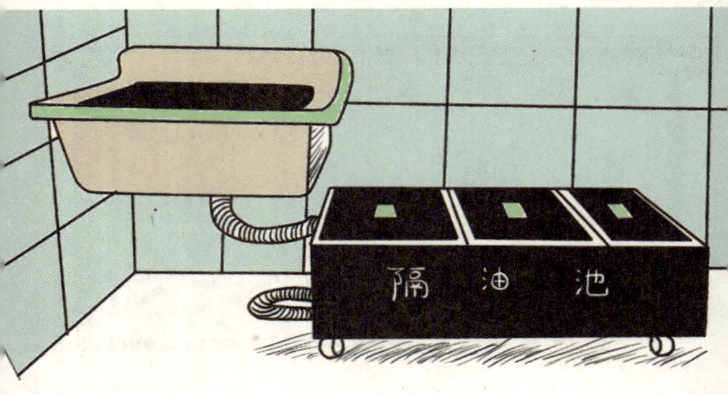

设置隔油池

施工现场食堂、餐厅应设隔油池，隔油池沉淀后排入市政污水管网。隔油池应及时清理，清理出的废物送到指定的地方进行处理。

减少扬尘污染

拆除旧有建筑物时，应随时洒水或采取边拆边喷淋方式拆除，减少扬尘污染。渣土要在拆除施工完成之日起三日内清运完毕。工作人员最好戴上口罩，因扬尘对呼吸道伤害很大。

抓住那些土方

施工中开挖阶段，应提前进行挖填平衡计算，尽量利用原土回填，做到土方量挖填平衡。挖出的弃土暂时无法回填利用的，应堆放在专用场地，同时进行覆盖等。

别忘了挽救植被

对施工期间破坏植被，造成裸土的地块，应及时采取保护表层土、稳定斜坡、植被覆盖等有效措施，防止由于地表径流或风化引起的场地内水土流失和造成扬尘污染。施工结束后，再恢复其原有植被或进行合理的绿化。

工程污水不外流

施工工地内的工程污水、施工用水和车辆清洗污水应设置沉淀地，经二次沉淀后循环使用或用于施工现场洒水降尘。废水不得直接排入市政污水管线。泥浆不得外流，废泥浆应当采取密闭措施。

别让尘土“飞”

运输土方、渣土、垃圾和其他易产生扬尘的物料时，车辆应覆盖严密或使用封闭车厢，防止抛洒和飞扬。预拌混凝土运输车卸料溜槽处必须装设防止遗撒的活动挡板。

给垃圾安个家

施工现场垃圾实施分类管理，并及时处置和清运。建筑垃圾、工程渣土在 48 小时内不能完成清运的，要设置临时堆放场，并采取围挡、覆盖等防尘措施；管线工程施工堆土采取边挖边装边运等扬尘污染防治措施；工地生活垃圾设置临时堆放场，及时清运。严禁乱焚烧垃圾。

预防燃料污染

施工工地严禁安装高污染使用燃料的燃烧设施，工地食堂必须使用油、电、气等清洁能源，防止烟尘和二氧化硫对周边环境的污染。燃料需要严格控制，一旦污染，后果是很严重的。

“黄标车”污染物排放量大，浓度高，排放的稳定性差，是高污染排放车辆的别称，其对大气污染极大，应及时淘汰和更换。

车身上随意安装附件，增加了车重的司时也增加了阻力，进而增加油耗，在汽车高速行驶时，这种影响更明显。

拒绝一次性筷子

生产一次性筷子会消耗大片森林资源，加工一次性筷子主要用硫黄和双氧水漂白，其残留的二氧化硫以及双氧水都对人体有较强的腐蚀性。

少用一次性餐具

外出就餐时，自备筷子和勺子。少用快餐盒、纸杯、纸盘等，尤其要少用一次性筷子。

焊工要注意防止含松香焊剂的污染。

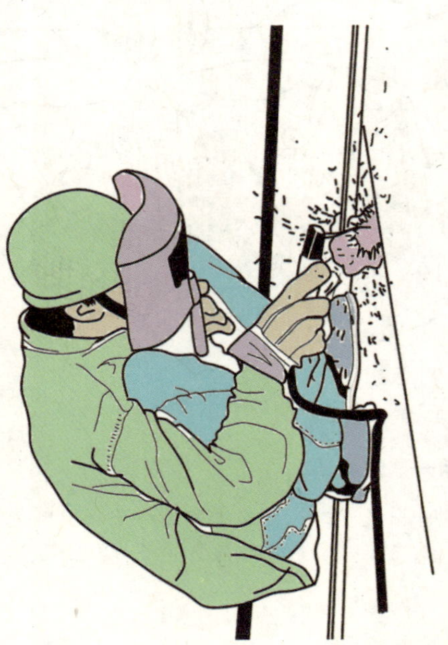

常接触工业化学物质的人应多食大豆及其制品。

石棉是一种有毒物质，石棉粉尘进入人体后，在肺部逐渐沉积，促进肺组织增生与纤维化，如果肺部遇到含铁物质，还可生成石棉体，造成“石棉肺”，石棉生产工人要特别注意对石棉粉尘的防治，戴好口罩，保护自己。

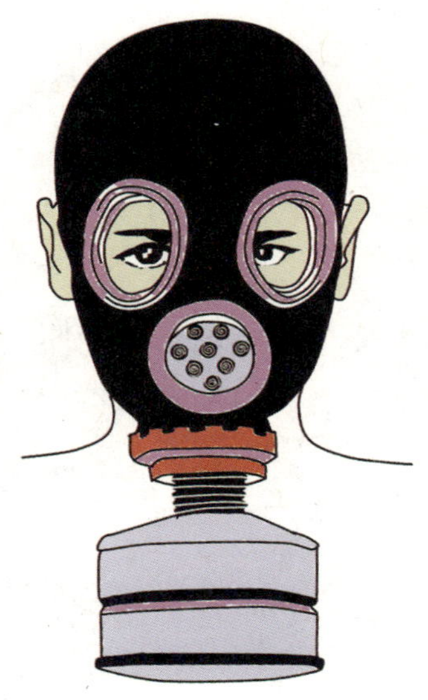

职业接触煤焦油和沥青者应注意防治皮肤癌。

木工要注意防止木粉尘伤害身体。